教育部中等职业教育"十二五"国家规划立项教材

中等职业教育服装设计与工艺专业系列教材

服装美术基础

FUZHUANG MEISHU JICHU

主　编／肖银湘　李　丞

副主编／陈碧琪

参　编／赵　倩　陈彦雯

U0190742

重庆大学出版社

图书在版编目(CIP)数据

服装美术基础/肖银湘,李丞主编. --重庆:重庆大学出版社,2018.4
中等职业教育服装设计与工艺专业系列教材
ISBN 978-7-5689-0994-5

Ⅰ.①服… Ⅱ.①肖… ②李… Ⅲ.①服装—绘画技法—中等专业学校—教材 Ⅳ.①TS941.28

中国版本图书馆CIP数据核字(2018)第013874号

中等职业教育服装设计与工艺专业系列教材

服装美术基础

主 编 肖银湘 李 丞
副主编 陈碧琪
策划主编:章 可
责任编辑:姜 凤   版式设计:章 可
责任校对:夏 宇 责任印制:赵 晟

重庆大学出版社出版发行
出版人:易树平
社 址:重庆市沙坪坝区大学城西路21号
邮 编:401331
电 话:(023)88617190 88617185(中小学)
传 真:(023)88617186 88617166
网 址:http://www.cqup.com.cn
邮 箱:fxk@cqup.com.cn(营销中心)
全国新华书店经销
重庆长虹印务有限公司印刷

开本:787mm×1092mm 1/16 印张:8.75 字数:195千
2018年4月第1版   2018年4月第1次印刷
ISBN 978-7-5689-0994-5   定价:45.00元

前　言

"服装是无声的语言,服装是无声的艺术。"近年来,随着中国服装企业的快速扩张,以及国外品牌纷纷进入中国市场,中国服装行业"产能过剩"的现象越来越严重,供过于求的情况日益加剧。另外,国家对于环境保护的日益重视,也对整个服装行业的发展提出了更高的要求。电子商务的迅猛发展促进了服装企业的发展,服装行业迎来了又一个"春天"。服装专业的职业教育也迎来了新的机遇与挑战。

编者从事中职服装专业教育这些年,多次参加企业实践活动,也经常与兄弟学校交流,并参加了各级服装专业技能大赛。在此期间,总想找一些最接近市场需求的资料供学生参考学习,但大多失望而归。目前,市面上专门供中职服装专业学生学习美术基础的教材较少,为此,编者结合多年的教学经验,并吸收了众多行业专家的意见后编写了本书。

本书作为中等职业学校服装专业的基础教材,在编写中与单纯讲解素描、色彩内容的教材区别开来,主要为后期学习服装款式图绘制、服饰色彩搭配等打好基础,所以书中素描和色彩都弱化了传统美术教材中的静物刻画。

全书分为三篇:第一篇是准备工作,主要介绍基本工具并进行简单线条的绘制练习;第二篇是素描,从基础线条、构图、结构、五官、透视关系开始,侧重线描、速写内容,融入人体、线描、面料及服装的写生,主要训练学生的线描和造型能力;第三篇是色彩,主要偏重调色、配色、服饰搭配等内容,挖掘学生的色感。希望通过本书的学习能给初学者带来一定的帮助,同时起到抛砖引玉的作用。

本书的出版,首先要感谢重庆大学出版社提供的机会与平台,本书在编写过程中还得到了尚都比拉设计总监陈兰女士、歌莉娅女装设计经理赵燕平女士、广州纺织服装学校江平女士以及广东省十佳摄影师毕特大师的帮助与支持，在此一并表示感谢。

　　本书由肖银湘、李丞担任主编，陈碧琪担任副主编，陈彦雯、赵倩参与编写，工具介绍和线条练习由陈彦雯编写，素描部分由肖银湘、陈碧琪编写，色彩部分及速写部分由李丞编写，赵倩对书稿进行了整理。

　　本书在编写过程中，由于编者的能力有限，书中难免存在不足之处，恳请广大读者批评指正！

编　者

2017年11月

目　录

准备篇

针对大多数初学者，本篇主要介绍美术基础知识，学习任务一详细介绍了作为初学者必须准备的绘画工具，并对它们的使用方法作了详细讲解；学习任务二主要讲解了铅笔的运用及铅笔排线的练习方法。

绘画工具大致分为素描工具和色彩工具两种类型。素描工具主要有铅笔、炭笔、钢笔、针管笔等。铅笔相较炭笔，笔触更细腻，对黑白灰关系的刻画更深刻，多用于素描；炭笔绘画更快速，易出效果，笔触粗糙，另有一番风味，多用于速写；钢笔和针管笔所画的线条刚硬，且不能擦除，但携带方便，也是很好的外出写生工具，较多用于描边。

色彩工具多种多样，颜料可分为水粉颜料、水彩颜料、丙烯颜料、纺织颜料等；色彩笔有彩色铅笔、水彩笔、马克笔等。水粉颜料相较水彩颜料，色彩更为浓厚，多用于较厚重的色彩表达；水彩颜料则较淡雅，两种表现方式截然不同；丙烯颜料多用于广告画，不易褪色且不溶于水；同样不溶于水的还有纺织颜料，顾名思义，它主要用于纺织布料的图案绘制。水彩笔与马克笔相比，马克笔上色层次更丰富，多用于服装、室内、建筑、广告等设计行业。

正确认识、选择、使用工具是绘画的基本要求，而线条的绘画练习是所有绘画的入门，只有先练好线条的绘画才能学习面的绘制。

[培养目标]

1.了解、认识绘画工具。

2.掌握正确的削笔、握笔姿势。

3.了解排线、组合线、线条的重要性。

>>>>>>> 学习任务一
工具介绍

> [学习目标] 了解、认识绘画工具，能分清不同工具的作用。在绘画时，能选择合适的工具进行绘画。
>
> [学习重点] 1.素描工具介绍。
> 2.色彩工具介绍。
>
> [学习手段] 老师讲解及演示不同工具的特点和使用方法。
>
> [学习课时] 1课时。

一、素描工具介绍

先要做好最基础的准备工作，如了解不同型号铅笔的色调深浅变化等。

1.铅笔

铅笔是最简单而方便的素描工具。铅笔在用线、造型中可以十分精确而肯定，既能较随意地修改，又能较深入细致地刻画细部。

同时，铅笔的种类较多，有硬有软，有深有浅，可画出较多的调子，铅笔的色泽又便于表现调子中的许多银灰色层次。铅笔芯的成分是石墨和黏土。其混合比例不同，软硬度也不同，H代表Hard（硬），B代表Black（黑），字母前面的数值越大，表示铅笔越硬或越黑。

铅笔是素描绘画中最基础的工具，只有充分了解铅笔的色调深浅变化和特质，才能更好地开始我们的素描之旅。

HB：硬度大，线条细腻，色调浅。

B：硬度较大，笔触较细，色调较浅。

2B：硬度适中，中间色调。

4B：硬度较小，色调饱满，颗粒较粗。

6B：硬度小，颗粒粗，色调深。

不同型号的铅笔和铅笔延长器（图1-1）。不同型号的铅笔绘画效果，颜色随之逐渐变深，硬度随之逐渐变软（图1-2）。

2.炭笔

炭笔比铅笔的线条感强,软炭笔适合打稿,硬炭笔适合画速写(图1-3)。

炭笔以不脆不硬为度,炭条以烧透、松软笔黑色为佳,炭精棒以软而无砂为上品(图1-4)。

3.钢笔

钢笔包括一切自来水型硬质笔尖的笔(图1-5)。使用日常书写的钢笔绘画也可以,一般都作一点处理,将钢笔尖用小钳子往里弯30°左右,令其正写纤细流利,反写粗细控制自如。

4.针管笔

针管笔现已被广泛使用,其优点是使用方便;缺点是管内的墨水很黑但有些偏亮发光,不沉着(图1-6)。

5.橡皮

橡皮以平、软的方形橡皮为佳(图1-7)。不要用铅笔末端的自带橡皮,它容易沾上石墨,还会破坏纸张。

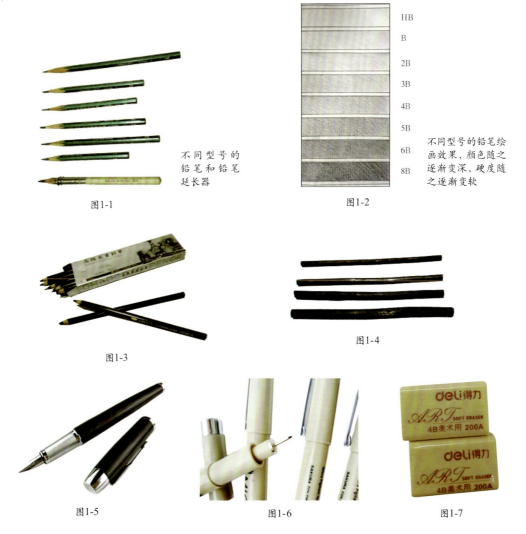

不同型号的铅笔和铅笔延长器

图1-1

HB
B
2B
3B
4B
5B
6B
8B

不同型号的铅笔绘画效果,颜色随之逐渐变深,硬度随之逐渐变软

图1-2

图1-3

图1-4

图1-5

图1-6

图1-7

两种比较好的橡皮是白塑料橡皮和揉捏橡皮。白塑料橡皮可以擦掉很顽固的线而不会破坏纸张（图1-8）。揉捏橡皮可以伸展和定型，配合画面区域进行擦除。

揉捏橡皮可以挤压，擦掉一根最简单的线，易于清理，只需要简单地拉伸就能分散石墨颗粒（图1-9）。

6.擦笔

擦笔是纸旋转缠绕成锥形的笔，两边尖端都可以作画（图1-10）。这些擦笔十分适宜辅助铅笔表现过渡技巧。

图1-8　　　　　　　　　　　　　图1-9　　　　　　　　　　　　　图1-10

> **Tips**
>
> （1）初学绘画，画一笔不满意，马上用橡皮擦去，第二次画得不对又再擦去。其实这是不好的习惯，一是容易损伤画纸，使纸张留下痕迹；二是绘画时越画越无把握，应极力避免。
>
> （2）当第一笔画得不对时，尽可能再画上第二笔，如此画时就有了一个标准，容易改正。等浓淡明暗都画好之后，再把不用之处的铅笔线用橡皮轻轻擦去，这样能保证整幅画的画面效果。
>
> （3）其实画面上许多无用的线痕，通常到最后都会被暗的部分遮住，我们只需把露出的部分擦去，这样较为省力。不用的线痕，往往无形中成为主体的衬托物，所以有时反而会收到更好的效果。

> **Tips**
>
> 如果擦笔脏了也别丢弃！
> 方法1：可以像削铅笔一样将擦笔脏的部分去掉，继续使用。
> 方法2：根据擦笔上所蘸的石墨多少进行分类。非常黑的擦笔刚好可以用来柔和暗部色调，也可以用来加深灰面及表面亮面等。

7.素描纸

画素描一般使用的是素描纸，素描纸的正面纹理比较粗糙，方便上色，还可根据自己的需要来选择不同薄厚、不同粗细质地、不同纹理的纸张作画（图1-11）。

图1-11

8.削笔刀和尺子

削笔刀是削铅笔的工具，是绘画必不可少的工具（图1-12）。

尺子是个巧妙的小工具，可以借助它绘制线条（图1-13）。

图1-12

9.美纹纸和透明胶

美纹纸是一种高科技装饰、喷涂用纸（因其用途的特殊性能，又称为分色带纸），广泛应用于室内装饰、家用电器的喷漆及高档豪华轿车的喷涂。由于本身具有黏性，也常用于固定画纸（图1-14）。

透明胶常用于固定画纸（图1-15）。

10.定画液

用木炭条、铅笔或者粉笔等画完的画，为了便于保存，需要在面上喷上定画液，以免炭粉被无意擦掉或是自然脱落（图1-16）。

11.画板和画架

画板应选择光滑无缝的夹板（图1-17）。

如果是站着画画，还要准备一个画架（图1-18）。

图1-13

图1-14

图1-15

图1-16

图1-17

图1-18

二、色彩工具介绍

色彩工具品种多样，应根据绘画的特点选择适合的色彩工具。

1.颜料

（1）水粉颜料

水粉颜料由粉质材料组成，用胶固定，覆盖性比较强，因此画水粉时经常会从最深的颜色下笔。水粉又称广告色，是不透明的水彩颜料，可用于较厚的着色，大面积上色时也不会出现不均匀的现象（图1-19）。

（2）水彩颜料

水彩颜料的透明度高，色彩重叠时，下面的颜色会透过来。色彩鲜艳度不如彩色墨水，但着色较深，适合喜欢色调古雅的人，即使长期保存也不易变色。

水彩颜料一般有干水彩颜料片、湿水彩颜料片、管装膏状水彩颜料、瓶装液体水彩颜料4种类型（图1-20）。

图1-19   图1-20

（3）丙烯颜料

丙烯颜料是用一种化学合成胶乳剂（含丙烯酸酯、甲基丙烯酸酯、丙烯酸、甲基丙烯酸以及增稠剂、填充剂等）与颜色微粒混合而成的新型绘画颜料。丙烯颜料属于人工合成的聚合颜料，发明于20世纪50年代，是颜料粉调和丙烯酸乳胶制成的（图1-21）。

（4）纺织颜料

纺织颜料专用于纤维布料丝网印刷（图1-22）。

图1-21   图1-22

丙烯颜料和纺织颜料的区别

　　丙烯颜料用不用调料，没有太大差别，可用少量水替代调料。如果丙烯颜料使用得轻薄一点，延缓干涸时间也可用调料。纺织颜料一定要用调料，其本身的颜料附着力不如丙烯颜料，为了让颜料保持在衣物上的时间更长，因此必须用纺织调料。

2.笔

（1）彩色铅笔

彩色铅笔颜色多种多样，画出来的效果较淡且清新简单，大多便于被橡皮擦去（图1-23）。

彩色铅笔分为两种：一种是水溶性彩色铅笔（可溶于水）；另一种是不溶性彩色铅笔（不溶于水）（图1-24）。

（2）水彩笔

水彩笔笔头一般是圆形的，优点是水分足，色彩丰富、鲜艳；缺点是水分不均匀，过渡不自然，两色在一起不好调和（图1-25）。

图1-23

图1-24

图1-25

（3）马克笔

马克笔是随着现代化工业的发展而出现的一种新型书写、绘画工具，其名称来源于"Marker"，俗称"记号笔"（图1-26、图1-27）。它具有非常完整的色彩系统可供绘画者使用，是一种能速干、稳定性高的绘画材料，在设计行业被广泛地运用，是设计者表达设计概念和方案构思时不可或缺的有力工具。

图1-26

图1-27

> **Tips**
>
> 毛笔的分类
>
> 　　毛笔按笔头原料可分为：胎毛笔、狼毛笔（狼毫，即黄鼠狼毛）、兔肩紫毫笔（紫毫）、鹿毛笔、鸡毛笔、鸭毛笔、羊毛笔、猪毛笔（猪鬃笔）、鼠毛笔（鼠须笔）、虎毛笔、黄牛耳毫笔、石獾毫等，以兔毫、羊毫、狼毫为佳。
>
> 　　毛笔按常用尺寸可以简单地分为：小楷、中楷、大楷，更大的有屏笔、联笔、斗笔、植笔等。
>
> 　　毛笔按弹性强弱可分为：软毫、硬毫、兼毫等。
>
> 　　毛笔按用途可分为：写字毛笔、书画毛笔两类。
>
> 　　毛笔按形状可分为：圆毫、尖毫等。
>
> 　　毛笔按笔锋的长短可分为：长锋、中锋、短锋。

（4）底纹笔

底纹笔常用于刷绘大面积的颜料（图1-28）。

（5）水粉笔

水粉笔是用于画水粉画的一种重要使用工具，笔杆多为木、塑料及有机玻璃制成，笔头多为羊毛和化纤制成（图1-29）。

（6）毛笔

毛笔初用兔毛，后也用羊、鼬、狼、鸡、鼠等动物毛，笔管以竹或其他质料制成。头圆而尖，用于传统的书写和图画（图1-30）。

图1-28

图1-29　　　　　　　　　　图1-30

3.其他工具

其他工具包括颜料盒、调色盘（碟）、水桶和喷壶等。

（1）颜料盒

颜料盒是存放颜料的盒子，一般有16格、24格、36格等不同规格，可根据颜色的冷暖分类依次排序（图1-31）。

图1-31

(2) 调色盘

调色盘为绘画常用的调色用品, 一般为塑料制品, 有椭圆形或长方形 (图1-32)。常见的有两种:
一种是只有调色盘; 另一种是自带固体颜料块, 有颜料容器和调色容器两个部分。调色盘具有能盛
装多种色彩的颜料且容量适宜、便于携带和使用等优点。

(3) 水桶和喷壶

水桶用于清洗颜料 (图1-33)。

喷壶常用于为颜料盒中的颜料增加湿度, 保持颜料湿度, 不干涸 (图1-34)。

图1-33

图1-32

图1-34

评价体系

学习要点	我的评分	小组评分	老师评分
认识绘画工具并能准确地说出它们的名字 (50分)			
能知道工具的基本使用方法 (50分)			
总分			

>>>>>>>> 学习任务二
线条练习

[学习目标] 掌握正确的削笔、握笔姿势，学会简单的排线，了解线条对画面的重要性。

[学习重点] 1.怎样削铅笔、怎样握笔。
2.单线和组合线条的练习。

[学习手段] 1.本任务的学习首先需要掌握削铅笔的方法，学会使用美工刀削铅笔，并不断实践练习做到熟能生巧。
2.在老师讲解演示正确排线的方式后，需要结合素描绘画来不断练习排线，排线才会有质的突破。

[学习课时] 2课时。

一、如何削铅笔

削铅笔是绘画前的必要准备工作。要学如何削铅笔，先要学会拿工具的正确手势（图2-1）。

图2-1

第一步：

六边形的横截面是铅笔的特点，削铅笔时可以6条棱边作为削平对象（图2-2）。将刀片抵在6条棱边处，再将大拇指压在刀片上，轻轻推动刀片，就可以将外皮削去（图2-3）。

图2-2   图2-3

第二步：

将铅笔的6条棱边都削平之后，再将突出的边角微微削平（记住：应转动着削，效果会更好），如图2-4所示。

削好铅笔外皮后（图2-5），接下来要完成的是将笔头削尖的步骤。

图2-4   图2-5

第三步：

削尖笔头。如果没有一个锋利的笔头，画面的很多细节就无法做到。因此，不要以为削尖笔头可有可无，它可是完成削铅笔的最后一个重要步骤。

削尖笔头有以下3种握笔姿势：

（1）竖握法

竖握法可将笔尖大幅度削尖，可节省时间。但是，很难掌握，需要多加练习（图2-6）。

（2）侧握法

侧握法容易掌握，削在平台上的垃圾也利于收集，更适宜进一步加工时使用（图2-7）。

图2-6

图2-7

（3）悬空握法

将手悬空，左手固定好，利用右手执刀轻巧地将笔尖削细。这种方法不易将墨粉集中处理（图2-8）。

削好的铅笔效果如图2-9所示。

图2-8   图2-9

二、如何握笔

画画的握笔姿势一般可归纳为两种：一般握法和横握法。一般握法是写字和绘画中最常见的握笔姿势，依靠指关节的协调活动可小范围运笔；横握姿势常见于绘画过程中，尤其是素描，它依靠腕关节的转动来大范围运笔。不同运笔方式的笔触效果不同，合理灵活地使用能让绘画更加高效，使画面更有表现力。

1.一般握法

一般握法也称45°握笔法，这种握法拇指到笔尖距离短，笔尖活动范围较小，但灵敏度高，适于刻画细节。根据姿势的调整，铅笔与纸的夹角可在45°~90°灵活变化（图2-10）。

2.横握法

拇指到笔尖距离远，笔尖活动范围大，但灵敏度低，适于铺调子或画大笔触，笔与纸的夹角可在0°~45°灵活变化（图2-11）。

图2-10   图2-11

三、如何支撑

握笔时，不同的支撑方式，笔触的表现力不同。

1.用小指支撑

小指不动，靠握笔手指的活动运笔。

①笔触短，线条轻快，两头尖，可表现柔顺的毛发等［图2-12（a）］。

②笔触长，线条轻快，平直，适于局部铺调子等［图2-12（b）］。

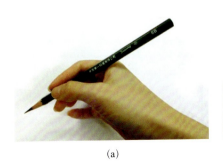
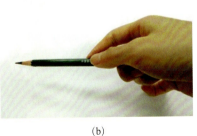

(a)   (b)

图2-12

2.用掌侧支撑

掌侧不动，靠手指的活动运笔。

①笔触短而有力，方向易控制，适用于细节刻画[图2-13 (a)]。

②笔触长、钝重，可用于表现粗糙的质感[图2-13 (b)]。

(a)　　　　　　　　　　　　　　　(b)

图2-13

3.悬空

转动腕关节运笔，画幅较大时则依靠肘关节运笔。

①笔触短小灵活，适于处理细节暗调、特殊肌理等[图2-14 (a)]。

②笔触长、直，方向灵活、有力，大面积铺调子、画结构辅助线时都可用到[图2-14 (b)]。

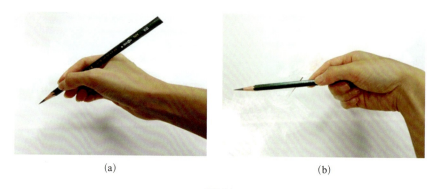

(a)　　　　　　　　　　　　　　　(b)

图2-14

四、线条练习

线条是素描训练中塑造对象的主要手段。对初学者来说，掌握线条的曲直、轻重极为重要。在练习线条的过程中，要注意用笔的方式，落笔时要体会手、腕、肘的运动对线条的影响，画出线条轻重、浓淡、疏密的关系，让线条在平稳、自然、有序、顺畅中得到轻松的展现。正确的排线是两端轻、中间重的线条，方向一致，疏密匀称，能变换排线方向，一层一层加深，切忌乱涂。

线条的语汇很多，有直线、曲线、螺旋线，有粗线、细线、光滑线、毛糙线、深线、浅线、硬线、软线、长线、短线、断断续续线、连点线或珠子线、零乱线、横线、竖线等。在绘画时，可根据不同的情况使用不同的线条。

无数线条相对平行的并列称作排线。素描中调子的获得是借助于排线，利用不同的工具，熟练掌握各种不同的排线形式与方法，可以表现出丰富的调子层次和各种物体的质感。

面的形状、调子的深浅、物体的质感等不同，应采用不同的排线方法。

1.单线排线

单线排线的排线方向通常由右上方向左下方往返进行排列。这种方法与人的生理相适应，该排线法在素描中用得最多。也有自上而下，自左向右进行排列的。为了表现或衬托某一个物体，往往是先按照它的边线形状进行排线，然后再由右上方至左下方进行排线（图2-15）。

一根根线条的轻重，直接影响画面深浅调子的变化。在排线时，要避免线的两端深、中间浅，要力求线条均匀。

2.复线排线

由于调子的获得，不是一次排线所能达到的，常常需要多次排线才能成功（图2-16）。

3.指腹补充排线

完成复线排线后，可通过用指腹将排线边缘擦模糊，使排线更圆滑（图2-17）。

4.交错排线

在进行复线排线时，第二次排的线不要与第一次排的线相平行。如果第一次与第二次排的线相平行，势必造成某些线条重复，使调子显得太深；而有些地方又造成空白，使调子不均匀。

让前一次排线与后一次排线交错进行，要使线与线交错成扁棱状或者垂直状（图2-18）。这样，线条的多层排列就可以达到预想的调子效果。

5.曲线排线

曲线的练习比直线的练习要复杂和重要。用线条塑造人物的形体，几乎都是用不同的曲线画成的结构面所组合的。头发、眼睛、鼻子、嘴唇以及各部位的肌肉，线条走向都呈曲线形态。

图2-15

图2-16

图2-17

扁棱状交错排线

垂直状交错排线

图2-18

在曲线练习时要注意单向运笔，用力有轻有重此起彼伏。或两头轻中间重，下笔呈抛物状，有打圈圈的感觉。这样用笔可以使线条在交接和重叠时有条有序，不脏不乱，线条感觉柔和而有弹性。：曲线是塑造人物必不可少的一种线形，应多加练习（图2-19）。

图2-19

Tips

为了表现一个弧形面，可由深至浅或由浅至深进行排线，也可采用由密至疏或由疏至密的方法进行排列。

排线形式有如下几种：中锋、侧锋、平锋、粗线、细线、疏线、密线、长线、短线、排线后加擦再排线。

（1）拿笔的位置不要太前，在笔2/3的地方即可。

（2）排线时，手臂离画架约一个手臂的距离，因为这样才能舒展得开。

（3）画短线时，一定不要保留画长线的画法，只需手腕的摆动。

（4）画瓷器时，线条一定要排细，可以排几条线，就用橡皮擦在上面轻轻擦几下，这样会显得细腻。

（5）上调子时，不要一次就把深浅表现出来，因为那样上了几遍线条就会显得乱。

评价体系

学习要点	我的评分	小组评分	老师评分
能使用正确姿势削铅笔（30分）			
画不同的线时能用相对应的握笔姿势（30分）			
会单线和复线排线（40分）			
总分			

素描篇

素描是设计类专业的基础课程，有助于提升学生对形体的认知能力和绘制能力。本篇主要从构图、透视、结构素描、明暗素描、速写和线描、五官块面6个方面进行讲解。

构图是绘画的根基。绘画前应先考虑整体布局，根据需要将物体安排在相应的位置，做到"胸有成竹"。采用不同的构图可表现出不同的作品主题与美感。

透视是指在平面或曲面上描绘物体的空间关系的方法或技术。在绘画中，就是通过透视原理在平面上呈现出物体的三维立体效果。

结构素描是运用透视原理画出物体的三维效果。结构素描练习可以让学生全面深刻地理解形体自身结构、形体与形体之间的空间关系。

明暗素描是让物体的光影在画面中呈现三维形态。当光线照射在物体上时，会出现亮面、暗面与投影。明暗素描练习有助于学生处理好物体的亮面、灰面、暗面、反光和投影之间的关系。

速写和线描都是采用单线对画面进行描绘的方法。线描是绘制服装画的基础。相对线描来说，速写可以通过更快速的写生方式锻炼绘画者对形体动态的捕捉能力。

五官绘画是继绘画简单物体后的必学内容，对于服装专业的学生来说，更是绘制服装效果图的基础，主要包括针对眼、鼻、嘴、耳的石膏绘画，五官部分角度的速写，以及头像绘画等。

[培养目标]

1.掌握几种主要的构图方式。

2.掌握一点透视图与成角透视图的绘制。

3.掌握结构素描、明暗素描、速写、线描。

>>>>>>> 学习任务三
构图

[学习目标] 掌握观察绘画对象的方式,学习几种基本构图。

[学习重点] 掌握构图步骤和如何快速作画。

[学习手段] 尽快浏览完本任务内容,按照构图的基本要求作画,临摹快速作画部分的范画。

[学习课时] 2课时。

一、观察的方式角度

1.实物写生

眼睛的视线应与画板成90°,眼睛与画板有大半个手臂的距离,画到一定程度后,可以退后1米或更远,观察画面的整体效果,以便修改(图3-1)。

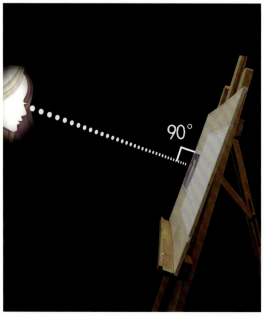

图3-1

2.照片写生

如今摄影打印技术发达,写生时可以拍下照片并打印出来,对着照片进行写生,这样就不会受到光线和场地的限制,可以随时作画(智能手机和平板电脑等数码产品也适用),如图3-2和图3-3所示。照片与画纸的距离应尽量接近,放在接近视平线的位置(图3-4)。

图3-2

图3-3

图3-4

3.临范画

临范画与照片写生的方式相似,把范本放在接近画纸的一侧,方便对照(图3-5、图3-6)。

> **Tips**
>
> 将照片贴在接近自己视平线的位置。

> **Tips**
>
> 可以退后几步观察整体效果,发现问题后,再回到画前修改。这种修改方式可以重复多次。

图3-5

图3-6

二、写生目测重点

1.实物写生的位置挑选技巧

观察物体的角度与受光角度，选择最佳的写生位置。就一般而言，正侧面的受光角度是比较理想的写生角度，可以更好地表现物体的形态 (图3-7)。

正面受光角度

俯视角度

背面受光角度

正侧面受光角度

图3-7

2.构图

绘画的第一步是构图,就初学者而言,写生时的构图要做到心中有数,写生时可以用双手的拇指与食指确定构图范围(图3-8)。

图3-8

接下来开始写生(图3-9)。

Tips

摄影与绘画的构图方法有很多,现在介绍的是黄金分割构图法,遵循这一方法构图的作品被认为是"和谐"的。

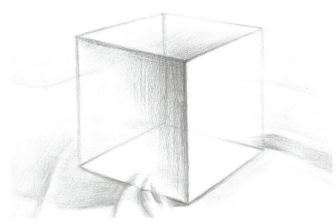

图3-9

构图也可以用拍照定位的方法。打开拍照设备的辅助线功能,可以将主要物体进行更准确的定位(图3-10)。

图3-10

三、几种常用的组合物体构图方法

1.黄金分割构图

黄金分割是把几何学上图形的定量分析用于一般绘画艺术, 从而给绘画艺术确立了科学的理论基础。

构图时, 用两条横线、两条竖线将画面平分为9格, 将主要物体置于4个交叉点的其中一处 (图3-11) 。

2.三角形构图

三角形构图是组合物体写生时常用的构图方法, 具有稳定、均衡, 又不失灵活性等特点 (图3-12) 。

3.S形构图

S形构图的特点是画面生动, 比较富有空间感 (图3-13) 。

图3-11

图3-12

图3-13

四、构图时易犯的错误

构图决定一幅画的成败，所以在下笔前，应安排好写生物体的位置（图3-14）。下面列举了几种常见的错误构图方式（图3-15）。

▃Tips▃

在下笔写生之前，要思考一下写生物体在画面中的位置与大小。一般来说，不要把物体画得太大。

图3-14

构图偏大

构图偏小

构图偏左

构图偏右

构图偏上

构图偏下

图3-15

五、构图步骤

构图时要一边动手一边观察物体（图3-16）。

观察

① 画定位线

② 画物体的线条

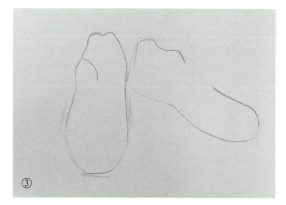

③ 边观察边作画

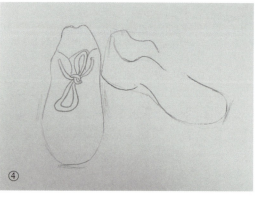

④ 画出鞋带

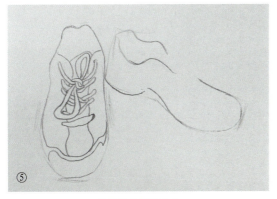

⑤

继续边观察边作画

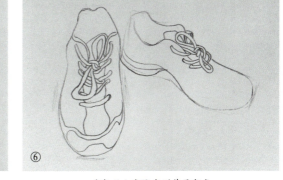

⑥

重复以上步骤直到作品完成

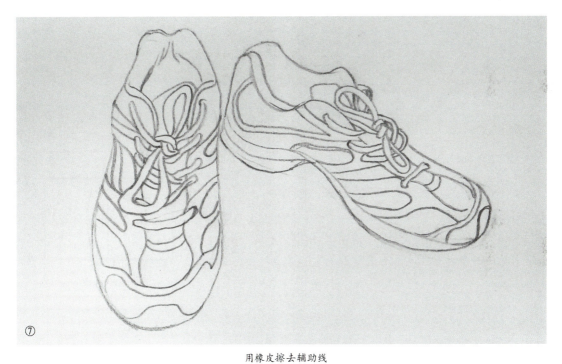

⑦

用橡皮擦去辅助线

图3-16

 **评价体系**

学习要点	我的评分	小组评分	老师评分
了解合理构图的要求（20分）			
能完成一幅正确的构图练习（60分）			
说出不同构图的特点（20分）			
总分			

学习任务四
透视

一、平行透视

如图4-1所示,当我们从正面或正侧面对着道路、建筑或物体时,就会有一个交汇点(消失点),这使得我们在看道路、建筑或物体时会有近大远小的视觉效果(图4-2)。

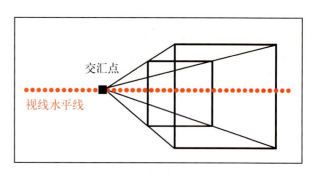

图4-1

图4-2　　　　　李少松　摄

平行透视练习步骤(图4-3):

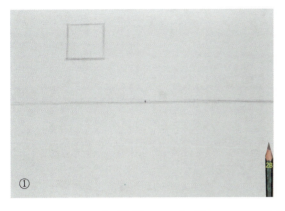
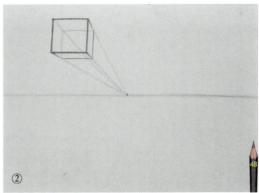
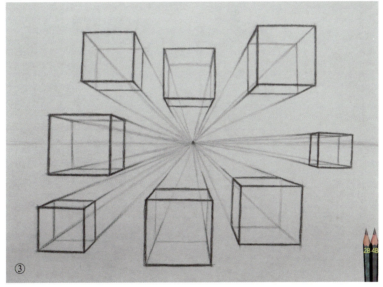

图4-3

二、成角透视

成角透视是指当我们面对建筑、物体的外侧一角时,就会发现有两个交汇点(图4-4)。

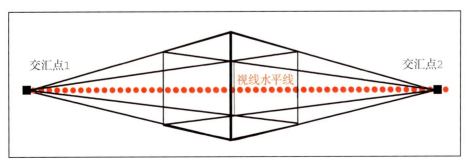

图4-4

成角透视练习步骤（图4-5）：

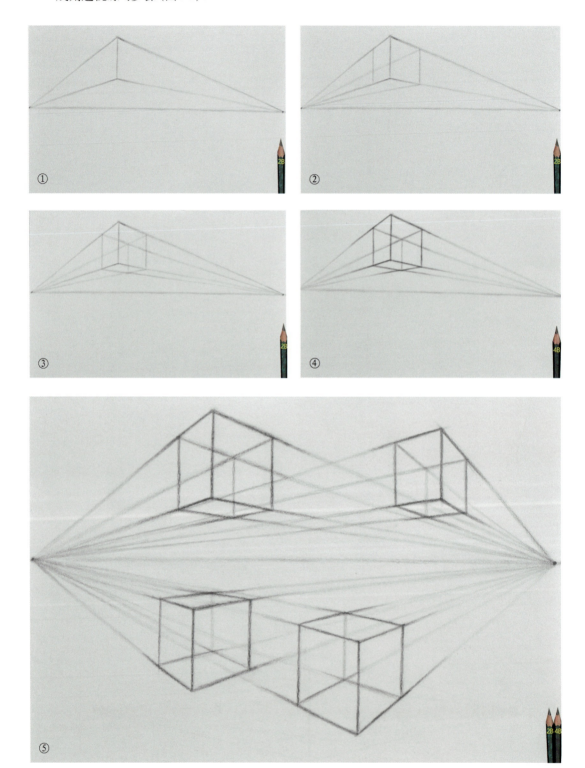

图4-5

评价体系

学习要点	我的评分	小组评分	老师评分
说出平行透视和成角透视的原理（20分）			
能画出平行透视和成角透视（40分）			
能临摹生活物品的透视效果（40分）			
总分			

学习任务五
结构素描

[学习目标] 使用正确的透视原理,运用在结构素描的临摹与写生作品中,学会观察与
分析物体的内部结构。

[学习重点] 结构素描的绘制及特点的表现。

[学习手段] 理解本任务的内容之后,思考物体的内部结构与线条的表现方式,临摹
本任务中的范画,尝试用结构素描的方式写生。

[学习课时] 18课时。

一、观察物体的结构

结构素描主要是训练造型能力,提高学生对物体结构的理解(图5-1)。

二、明暗与虚实变化

在画结构素描时,应重点观察和表现结构边界的明暗、虚实变化,也就是结构与结构之间连
接处的对比调和变化。画内部结构线条时,应比眼睛看到的结构要浅,以区分出虚实(图5-2)。

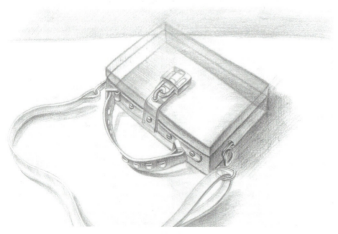

图5-1

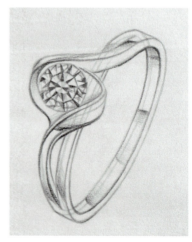

图5-2

三、表现形体的空间透视

正方体透视图（图5-3）、正方体结构素描（图5-4）。

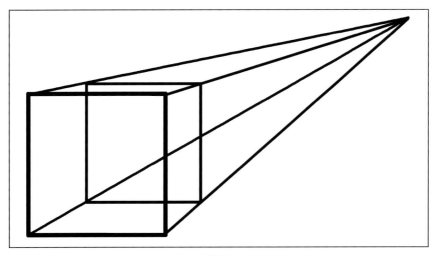

图5-3

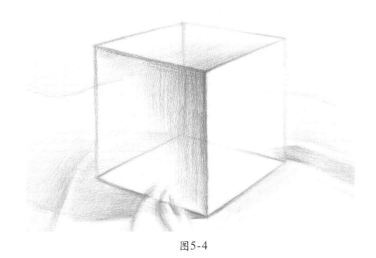

图5-4

圆柱体结构素描及绘制步骤（图5-5、图5-6）：

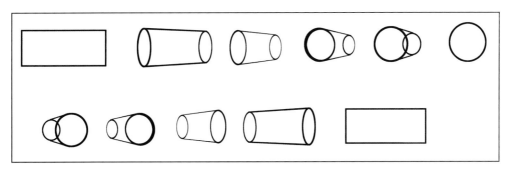

图5-5

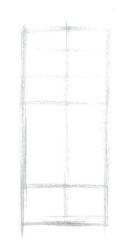

①

②

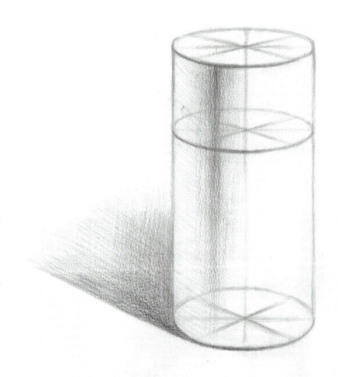

③

图5-6

戒指结构素描步骤（图5-7）：

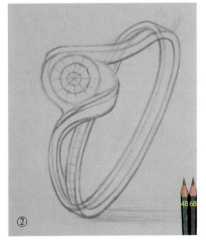

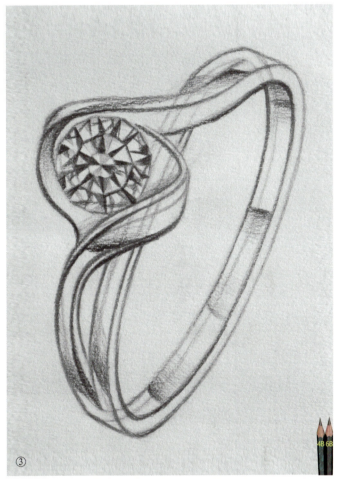

图5-7

 评价体系

学习要点	我的评分	小组评分	老师评分
能绘制结构素描（60分）			
能说出结构素描的特点（20分）			
能绘制生活物品的结构图（20分）			
总分			

学习任务六
明暗素描

[学习目标] 能学会观察物体的亮面、暗面及投影的变化，并能将其表现出来。

[学习重点] 明暗素描的表现方式。

[学习手段] 掌握了三大面五大调的基本内容之后，学习观察物体的光影变化，理解光影变化的原因，临摹本任务中的明暗素描示范画，尝试对身边的物体进行写生。

[学习课时] 28课时。

一、明暗素描的定义

明暗素描是以明暗色调为主要表现手段，正确表现形体的结构、空间、明暗、透视、体积、质感等因素的一种素描表现方法，也称为全因素素描。

二、什么是三大面

当物体受到光照时，即会形成亮面（受光面）、暗面（背光面）和灰面（中间面）（图6-1）。

图6-1

三、什么是五大调子

当物体受到光照时,形成了三大面,其中暗面可以细分成3个层次,即明暗交界线、反光、投影。

五大调子包括高光、明暗交界线、灰面、反光和投影(图6-2)。

明暗交界线紧紧依附着形体结构,是明暗面的交界处。光线越强硬度越高,明暗交界线也就越明显。比如,光滑的金属对比是很强烈的,如果是棉毛制品则相对柔和。

在光线不能穿过不透明物体而形成的较暗区域。靠近物体的投影通常最深。

投影与明暗交界线之间的部分,表面越光滑的物体反光越强。

高光是物体中最亮的部分,不同材质的高光强度不一样。在同样强度光线的情况下,表面越光滑的物体高光部分越强,棉、毛、粗糙物体的表面则相对柔和。

明暗交界线向亮面过渡的部分,可表现为深、中、浅3个层次。

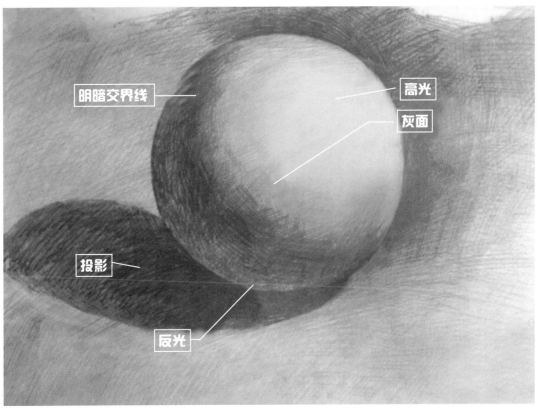

图6-2   作者:叶美荣

四、具体实例

1.正方体的画法

对于初学者来说，可以从简单的几何体开始画起，如正方体 (图6-3)。

Tips

注意区分亮面、灰面与暗面。

① 先用2B铅笔轻轻地画出正方体的轮廓线

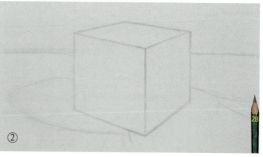

② 再画出清晰的轮廓线

③ 接下来画明暗部分，从暗部的明暗交界线位置开始画，从深到浅，并且画出部分投影

④ 使用4B和6B加深暗部和投影的线条，开始用2B画灰面，使画面更有立体感

⑤ 画出布纹的变化效果，当画到足够深时，看看画面还缺什么，在正方体的亮面轻轻地排线，完成作品

图6-3

2.方形耳钉

画完正方体后, 可以在生活中寻找方形物体进行写生, 如方形耳钉 (图6-4)。

① 先用2B铅笔画出耳钉大概的轮廓线, 主要是确定物体的位置和大小

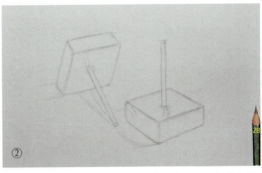

② 然后画出方形耳钉的轮廓, 注意两个耳钉之间的投影位置

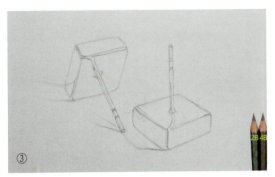

③ 进一步描绘出耳钉的结构, 勾勒出明暗变化位置

④ 为暗面上色, 从明暗交界线的位置开始画起

⑤

用4B、6B加深, 用削尖的橡皮擦出高光和金属光泽

图6-4

3.圆柱体

生活中有很多物体属于圆柱形,如杯子、碗、桶、花盆、戒指、手镯等,因此,接下来开始学习画圆柱体(图6-5)。

先用长直线定好圆柱体的基本位置

开始用2B、4B画出暗面和投影,首先从明暗交界线开始画

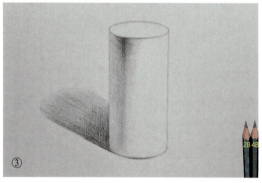

画明暗交界线时要注意轻轻地画,表现出圆柱体的形体特点

从交界线往亮面方向画出灰面,并开始画背景

画出圆柱体的受光面,擦出圆柱体的高光

图6-5

4.圆柱体物品

以帽子示范圆柱体物品的画法（图6-6）。

① 先用2B铅笔轻轻地画出物体的大小和位置

② 再画出物体的细节部分

③ 深入描绘，明确画面中黑、白、灰的关系

④ 画出帽子的材料纹理

⑤ 用4B和6B铅笔调整画面，加深投影等位置。用橡皮擦出帽子的高光

图6-6

5.球体的画法

球体的作画步骤（图6-7）：

① 首先用2B铅笔轻轻地画出物体的大小和位置

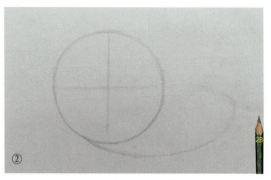

② 画好正圆后，可以擦除辅助线

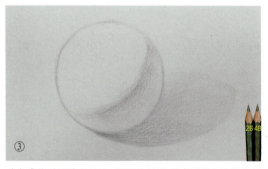

③ 确定球体的明暗交界线，用2B和4B铅笔在明暗交界线和投影位置排线，注意明暗交界线排线的方向可以顺着形体排

④ 随着球体逐渐深入，开始画出背景

⑤ 用4B和6B铅笔协调物体与背景的关系

图6-7

6.珍珠耳钉明暗素描

珍珠耳钉的作画步骤(图6-8):

① 先用长直线定好圆柱体的基本位置

② 用2B铅笔细致地画出每个物体的轮廓

③ 开始在明暗交界线和投影位置排线

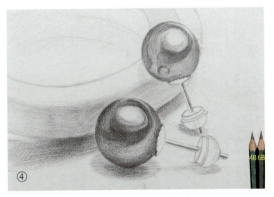

④ 继续深入描绘,画出黑珍珠的质感

⑤ 调整画面,把耳钉的塑胶质感、黑珍珠的质感和金属的质感描绘出来

图6-8

作品欣赏（图6-9至图6-11）。

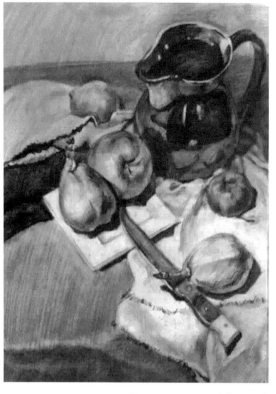

图6-9　　　　　作者：罗月莹

图6-10　　　　　作者：罗月莹

图6-11　　　　　作者：罗月莹

7.人体模型侧素描

通过人体模型绘画,让学生了解人体的基本比例。人体模特素描是服装专业学生必修的内容,如何能够快速和准确地画出人体模特?这里给大家介绍一个方法——比例法(图6-12)。

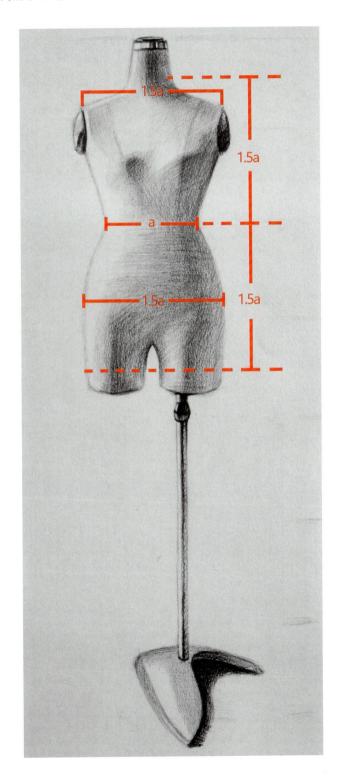

以人体模特腰部最细的地方作为参考值"a",用这个宽度"a"去量模特的整体高度,确定总的高度为5.5个"a"。有了"a"值的参考,可以定位颈部、胸部、腰部、腿部等位置

① 确定好位置后，开始细致地画出模特的轮廓

② 人体模特与圆柱体、球体的特点相似，要在排线时尽量表现出模特的转折面

③

着重塑造明暗交界线的位置

④

用4B和6B铅笔加深部分结构，突出人体模特的质感

图6-12

8.模特正面写生（图6-13）

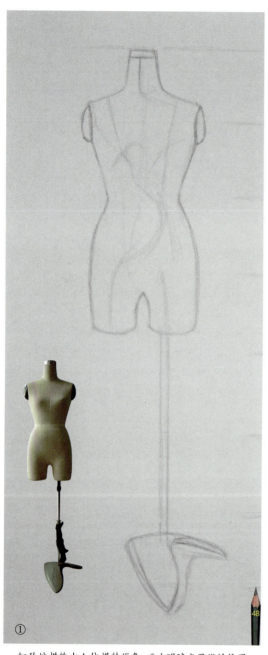

① 细致地描绘出人体模特线条，画出明暗交界线的位置

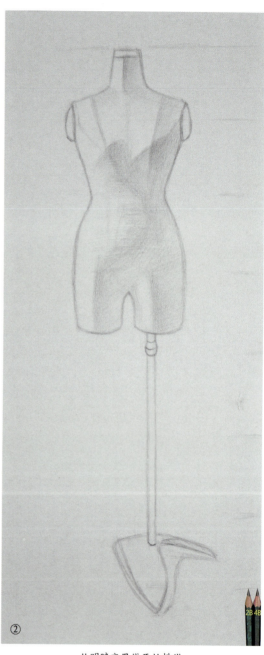

② 从明暗交界线开始排线

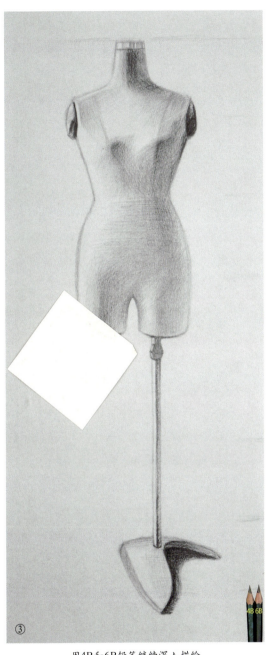

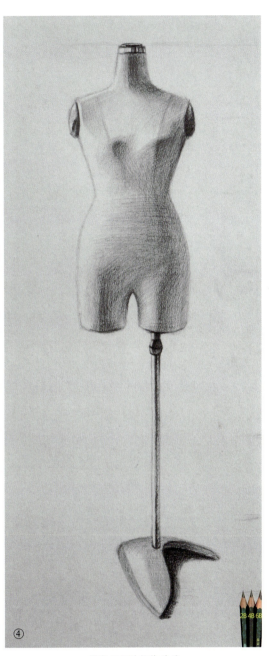

③ 用4B和6B铅笔继续深入描绘

④ 调整画面的整体效果

图6-13

通过着装人体模型绘画,让学生了解服装穿着的比例关系、明暗关系、褶皱关系处理等。

9.围巾模特(图6-14)

① 参照物体画出围巾模特的细致轮廓

② 用4B铅笔加深,强调模特的体积感

③ 细致画出布纹的转折结构,加强明暗对比

④

调整画面的整体效果

图6-14

10.短上衣模特（图6-15）

① 根据人体模特写生的比例法进行定位，确定出模型上短上衣的大概位置

② 细致描绘出模特与衣服的轮廓

③ 用4B和6B铅笔开始排线画明暗

④

继续加深写生对象，区分出深浅，加强明暗关系

图6-15

11.长上衣模特（图6-16）

① 定位

② 确定大概位置后，开始细致描绘出长上衣模特的具体轮廓

③ 用橡皮擦掉辅助线

④ 开始用4B铅笔加深画面，突出明暗效果

⑤

画出腰带的明暗效果，调整画面，使写生对象更真实

图6-16

想一想

1.打稿用什么型号的铅笔比较合适?

2.画物体明暗时,应先用什么型号的铅笔比较合适?

3.明暗排线进行到一半时,应用什么型号的铅笔加强画面的立体效果?

评价体系

学习要点	我的评分	小组评分	老师评分
完成明暗素描的绘制(60分)			
能说出明暗素描与结构素描的区别(20分)			
知道明暗素描的表现技法(20分)			
总分			

学习任务七
速写和线描

[学习目标]　1.速写的基本步骤及重点。

　　　　　　2.线描的重点。

　　　　　　3.速写与线描的关系。

[学习重点]　1.速写与服装线描的区别。

　　　　　　2.线描的练习。

[学习手段]　速写和线描需要临摹与写生相结合。

[学习课时]　28课时。

一、速写

1.什么是速写

速写是用简单而迅速的笔调表现出动态形象的图画,也就是在短时间内用简练的线条画出对象的形体、动作和神态。

2.速写的分类

①按时间分:慢写(一般15分钟以上1小时内)和速写(一般15分钟内)。

②按内容分:风景速写、静物速写、动物速写、人物速写、建筑速写等。

③按工具分:铅笔速写、钢笔速写、炭笔速写、炭条速写、毛笔速写等。

3.速写的作用

通过速写训练,能提高我们敏锐的观察力及捕捉美好瞬间的能力。速写是从造型训练到造型创造的必经环节。经常画速写能使我们迅速掌握人体的比例结构,熟练画出各种动态(图7-1)。

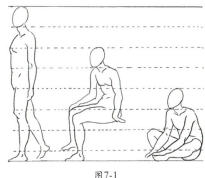

图7-1

4.人体速写要素

人体比例与动态的关系被归纳为"站七坐五盘三半",即站姿共7个头长,坐姿共5个头长,盘腿共3个半头长。这是因为坐姿去掉了大腿的2个头长,盘腿的姿势去掉了大腿和小腿的长度,共4个头长。在平时的写生中,我们通常会将站姿和坐姿的人物多画半个头长,使画面看起来更为舒展(图7-2)。

一般以人的头长作为一个单位,来衡量各部分的比例。下颌至乳头为1个头长;乳头至肚脐为1个头长。上肢一般为3个头长:上臂为1.2~1.5个头长;前臂为1个头长;手为2/3个头长。下肢一般为4个头长:大腿、小腿分别为2个头长。

女性骨骼较男性骨骼纤细。然而,男女体型最为显著的差异是男性的肩比骨盆宽,而女性的肩宽与骨盆宽接近。

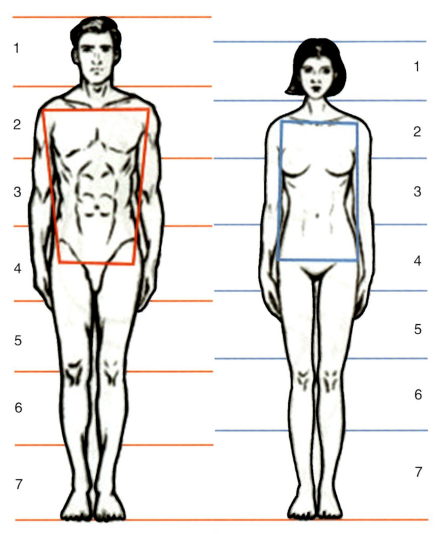

图7-2

5.作画步骤

①先定出人物的基本位置和动态。做好动态线和人体比例的辅助线(图7-3)。

注意站立的姿势比例为立七。要先观察,认准人物的动态特征。

②画出各部位的大致外形,明确上下身及四肢的比例(图7-4)。

凭借感觉用线条,迅速而轻地定位。

图7-3

图7-4

③画出基本型,找出衣物的基本转折(图7-5)。

注意衣物在绘制时要做到虚实结合,转折处加重笔触。可多用侧锋来展现布料的质感。

④从上到下依次描绘出外形(图7-6)。

在绘制手脚时,注意观察位置。对于转折只需要抓主要的转折即可,对琐碎的转折要有取舍。

图7-5

图7-6

⑤绘制五官 (图7-7)。

在绘制五官时,注意三庭五眼的比例(本节后附有三庭五眼比例图)准确。不同角度要注意五官的变化。

图7-7

⑥调整画面,强调动态表现、衣物的转折,注意疏密、虚实的整体调节,手脚适当表现即可(图7-8)。

注意在转折处、人体结构点都要重点表现,完善画面。

图7-8

三庭五眼

以发际线到眉毛的距离为一庭，眉毛到鼻尖的距离为二庭，鼻尖到下巴的距离为三庭。五眼即面部从左到右为5个眼睛的长度。

三庭五眼是人的脸长与脸宽的一般标准比例，现实生活中并非人人都符合标准，但可以为速写作画提供参考（图7-9）。

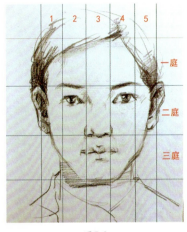

图7-9

动态模型

通过人形木偶的各种姿态，可以看到人的基本动态趋势，能较好地帮助学习人物动态。红色辅助线能帮助识别动态（图7-10、图7-11）。

> **Tips**
>
> 注意观察肩和腰线呈"八"字形。

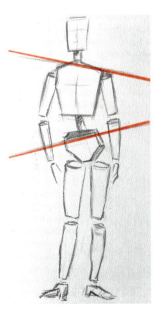

图7-10

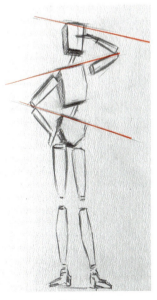

图7-11

6.坐姿作画步骤

①先基本定位，抓住基本比例，注意坐姿的比例为"坐五"，迅速抓准人物的动态线（图7-12）。

②绘制出基本型，学会用侧锋、中锋较好地展现出服装布料的质感。在转折、动态线的位置重点清晰表现（图7-13）。

图7-12

图7-13

Tips

　画速写时，无须所有的笔都削尖，钝的笔头更适合画头发、布料、暗面等较为柔软的部分。

③绘制出五官和手脚，整体调整画面，调整不准的地方，体现出虚实变化（图7-14）。

③

图7-14

7.直线风格速写作画步骤

①先观察模特，为了表现出男生的刚毅，可以使用短直线。再定位，将人体基本比例及动态用轻线条定位（图7-15）。

②用短直线画出基本型，在转折处注意线条要肯定有力（图7-16）。

③逐步绘制出全身的形体，注意双脚前后关系及腿部的结构，微调画面关系（图7-17）。

图7-15

图7-16

> ▶**Tips**
>
> 　　直线比较适合表现刚强有力度的男性，曲线适合展现女性的阴柔。

图7-17

④画出五官, 整体调整画面, 通过线条颜色深浅、透视关系等来展示虚实关系。

⑤此处模特的五官并未刻画精细, 由于速写是短时间把握人物的动态关系。因此, 五官只需要呼应整个画面 (图7-18)。

④

图7-18

8.速写作品欣赏（图7-19至图7-22，图片来自网络）

图7-19

图7-20

图7-21

图7-22

二、线描

线描是素描的一种,即用单色线对物体进行勾画,也是时装手绘效果图的表现方式。

1.比例

在绘制时装女体时,要注意比例的掌控,不要画得太大,一般身高是9个头长(图7-23、图7-24)。
正常人体高度:女体7个头长,男体7个半头长。

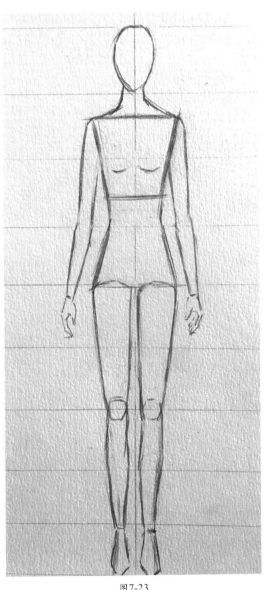

图7-23

图7-24

各种状态下的线描人体（图7-25至图7-27）。

相对于绘画速写，时装画线描会夸大人体比例，模糊结构，强调绘画技巧。而绘画速写主要是展示动态、比例结构等。要学时装画需通过绘画速写来了解人体结构和各种动态姿势，因此二者是递进关系。

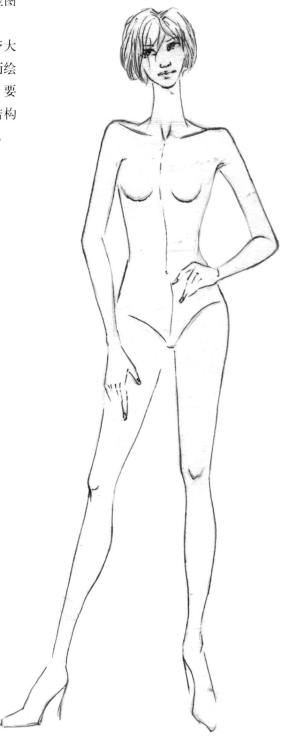

图7-25

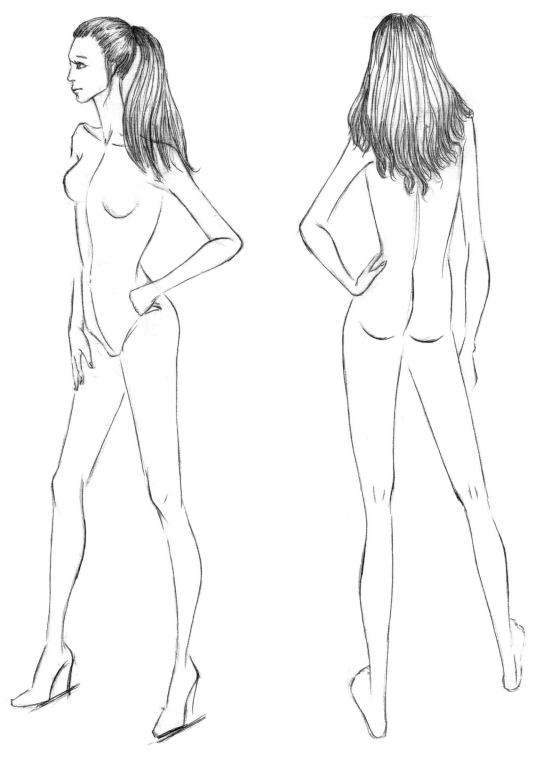

图7-26

图7-27

2.人体线描作画步骤（图7-28）

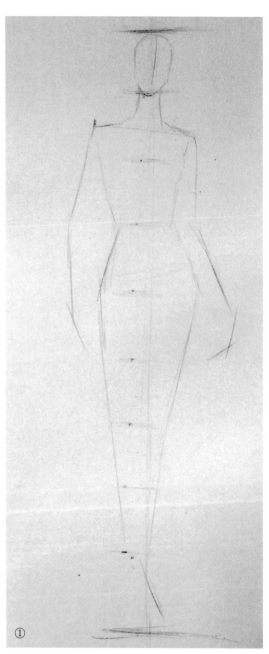

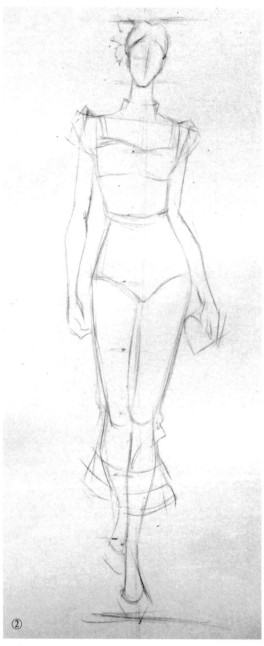

① 定比例：画出基本型，定出比例

② 画基本形：根据比例定位，用线条勾勒出基本动态，注意肩和胯的宽度

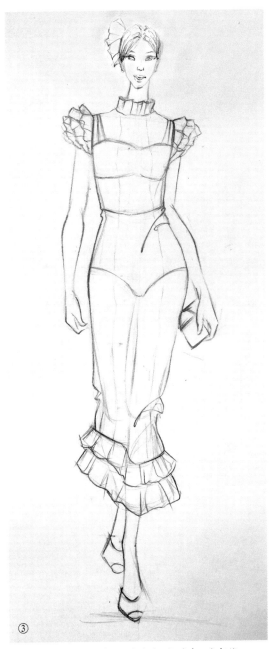

③

④

深入刻画：注意强调转折点，如胯部、肩部等

用黑色水性笔勾勒，完成绘制

图7-28

3.线描作品欣赏（图7-29至图7-42）

图7-29
作者：陈珠璇

图7-30 作者:李霞

图7-31　　　　　　　　　　　作者：陈珠璇

图7-32

作者: 李霞

印花

流苏

装饰物

图7-33　　　　　　　　　　　　作者：李文静

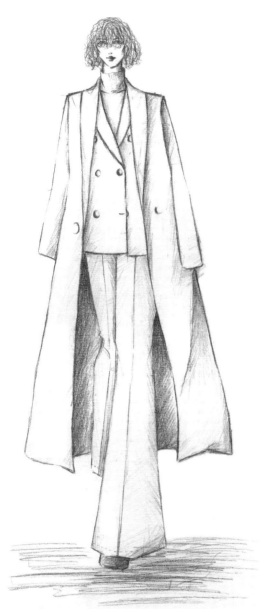

图7-34　　　　作者：陈珠璇

图7-35　　　　作者：吴苗苗

图7-36　　　　作者: 吴苗苗　　　　　　　　图7-37　　　　作者: 吴苗苗

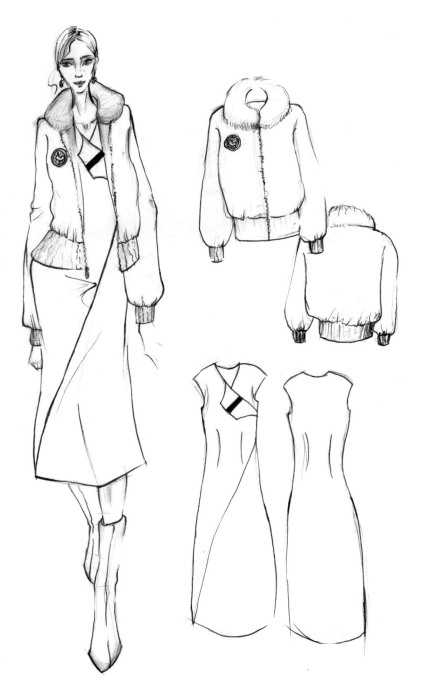

图7-38   作者：吴苗苗

图7-39   作者：陈珠璇

图7-40   作者: 李文静

图7-41   作者: 赵静纯

图7-42

作者: 黄琳

练一练

从以下模特中任选两张进行线描绘制。(图片来自网络)

学习任务八
五官块面（选修）

> [学习目标] 掌握五官的基本形态特征，准确表现出物体的明暗交界线。
>
> [学习重点] 五官的绘制。
>
> [学习手段] 表现五官的结构，观察五官的三大面五大调，临摹本任务五官的明暗素描示范画，尝试画出五官的速写。
>
> [学习课时] 6课时。

一、五官的结构

在学习服装绘画的过程中，需要重视五官的表现，其中，眼睛（图8-1）、嘴巴（图8-2）、鼻子（图8-3）的表现是重点，以下是五官石膏写生的过程示范。

①

②

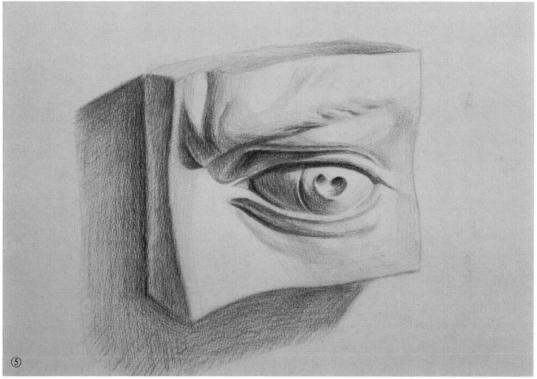

图8-1

Tips

转折越明显的地方，明暗交界线越深。

①

②

③

图8-2

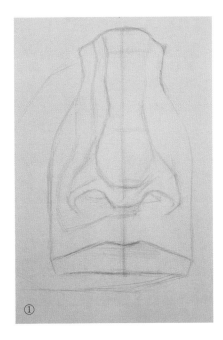

①

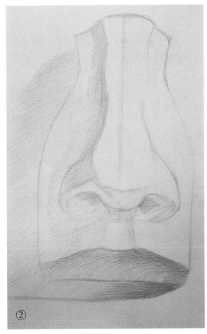

②

③

图8-3

二、五官的表现要点

理解了五官的结构之后，接下来可以进行真实的五官写生，用女性五官作为例子，举出3种不同角度时五官的快速表现方法（图8-4至图8-6）。

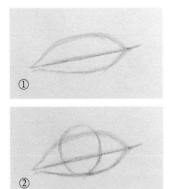

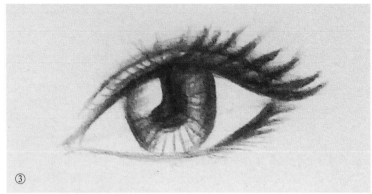

正面眼睛写生

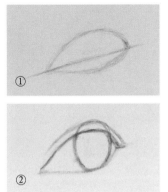

3/4侧面眼睛写生

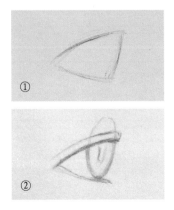

正侧面眼睛写生

图8-4

正面嘴唇写生

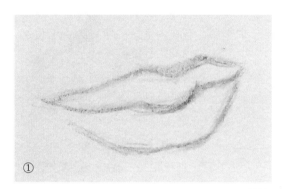

3/4侧面嘴唇写生

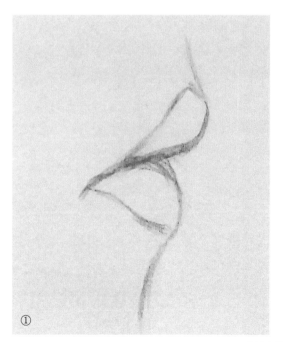

正侧面嘴唇写生

图8-5

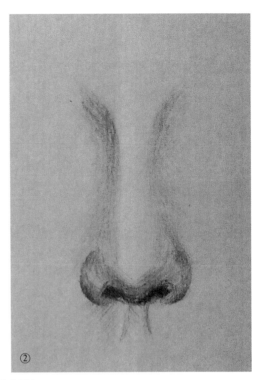

正面鼻子写生

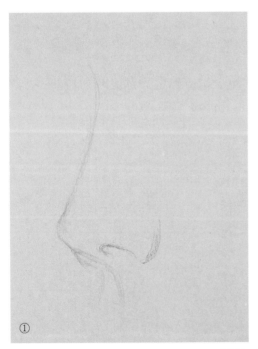
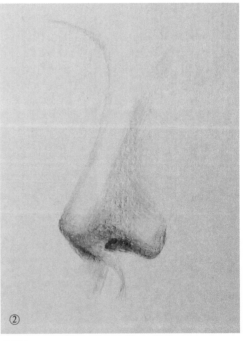

3/4侧面鼻子写生

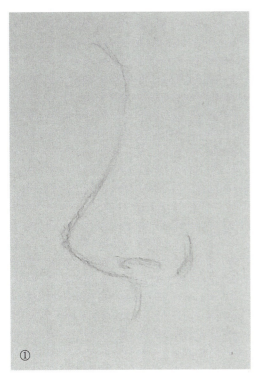
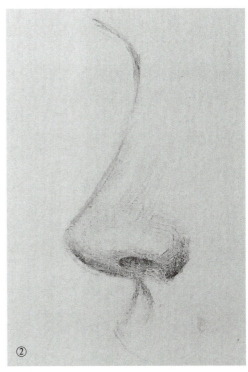

正侧面鼻子写生

图8-6

学习要点	我的评分	小组评分	老师评分
能绘制五官（60分）			
能表达不同角度的五官（40分）			
总分			

色彩篇

SECAIPIAN 》》

色彩是人们生活中不可或缺的调味剂，在生活中尽情地发挥着魔力，将这个世界变得美丽而多样。在服装设计领域，色彩的重要地位是毋庸置疑的。本篇主要介绍色彩三原色知识、色彩分类知识、色彩三要素知识。

生活中三原色所占比例不多，更多的是复色和间色。认识复色和间色并较好地在服饰搭配上运用，是本篇要学习的主要任务。

本篇首先学习三间色及复色。利用色环及三要素的推移训练让学生对颜色有更为直观的理解及体验。通过不同主题的色彩搭配例子示范，让学生了解色彩的魅力。

[培养目标]

1.了解色彩的基础知识。

2.掌握色彩搭配的基本方法。

〉〉〉〉〉〉〉 学习任务九
色彩的基本知识

[学习目标] 1.学习三原色的相关知识。

2.尝试三原色的搭配和运用。

3.认识色彩的分类及三要素。

[学习重点] 1.色彩的基本知识。

2.色彩的要素。

[学习手段] 通过讲解和展示来学习本任务的内容。

[学习课时] 1课时。

一、色彩的基础概念

1.三原色

色彩是服装不可或缺的
元素,是人们对服装最直观的
认知因素,是最快对服装产生
情感的元素。色彩中的红、黄、
蓝被称为三原色(图9-1)。

红色系服装

黄色系服装   蓝色系服装

图9-1

生活中将不可再分解的基本色称为原色。三原色有不同版本的定义，光学三原色为红、绿、蓝（图9-2）；色彩三原色为红、黄、蓝。绘画设计领域运用的是色彩三原色（图9-3）。

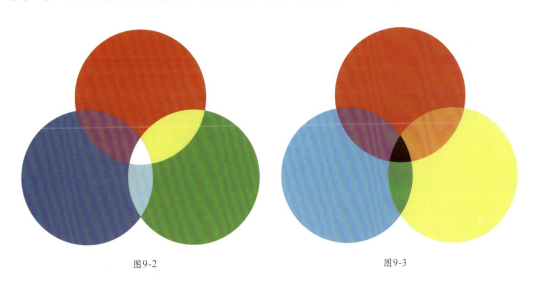

图9-2   图9-3

2.无彩色

无彩色包含金、银、黑、白、灰（其中，金黄色、银白色为什么也是无彩色呢？因为其彩度很低，故也称为无彩色），如图9-4所示。

彩度：就是颜色的鲜艳程度。

思考: ①无彩色系会给人呈现出什么样的感觉?

②什么场合会较多地出现无彩色系的设计?

黑色系服装

白色系服装

银色系服装

金色系服装

灰色系女装　　　　　　　　　　灰色系男装

图9-4

3.有彩色

有彩色是一个相对概念，除了无彩色外的所有颜色，均称为有彩色（图9-5）。

图9-5

4.冷暖色

冷色: 色环中, 蓝、绿一边的色相称为冷色 (图9-6) 。

冷色使人联想到海洋、蓝天、冰雪、月夜等,给人一种阴凉、宁静、深远、死亡、典雅、高贵、冷静、暗淡、灰暗、孤僻、面积较大、寒冷、忧郁、悲伤、宽广、开阔的感觉。

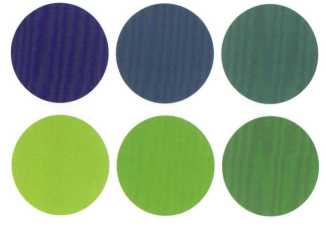

图9-6

暖色: 让人看了有温暖感的颜色, 如黄、红、橙 (图9-7) 。

暖色使人们联想到太阳、火焰、热血;视觉近,饱满,张扬,激动,暴躁,象征生命,火焰,愉快,果实,明亮等,因此给人一种温暖、热烈、活跃的感觉。

图9-7

5.中性色

黑色、白色及由黑白调和而成的各种深浅不同的灰色系列,称为无彩色系,也称为中性色 (图9-8) 。

中性色不属于冷色调,也不属于暖色调。黑、白、灰是常用的三大中性色。

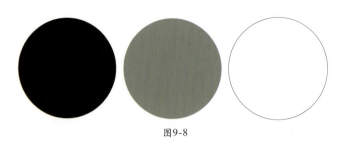

图9-8

中性色给人的感觉：轻松、可使人避免产生疲劳感；沉稳，得体，大方。中性色主要用于调和色彩搭配，突出其他颜色。中性色还包括金色和银色（图9-9）。

图9-9

二、色彩的三要素

1.色彩三要素的概念

色彩三要素包括色相（色调）、明度和纯度（饱和度）（图9-10至图9-12）。

（1）色相

色相是色彩相貌的称谓，也称为色调。

大千世界五彩缤纷，如朱红、草绿、柠檬黄、紫罗兰等。色相是区分每种颜色的标准。

图9-10

（2）明度

明度即色彩的明暗程度，也就是常说的亮度。

再缤纷的色彩都需要有光来做媒介呈现。同一色彩在不同明度下所呈现出来的效果是完全不同的。

图9-11

（3）纯度

纯度是指色彩的鲜艳程度，也称为饱和度。

同一种颜色、不同纯度会呈现截然不同的视觉效果，适合不同的人群。想想鲜红色和枣红色适合哪些年龄层次的人群？

🧵 **想一想**

生活中哪些地方出现了三原色？

🧵 **练一练**

运用色彩工具，完成一张三原色色块练习。

图9-12

2.服装欣赏（图9-13至图9-18，图片来自网络）

图9-13

图9-14

图9-15

图9-16

图9-17

图9-18

评价体系

学习要点	我的评分	小组评分	老师评分
从服装中分析三原色（40分）			
从色彩三要素的角度分析服装的色彩（40分）			
能识别冷暖色（20分）			
总分			

>>>>>>> # 学习任务十
调色

[学习目标] 　1.如何调三间色、复色等。

　　　　　　2.学做色相环。

　　　　　　3.学做色相、明度、纯度推移表。

　　　　　　4.基本配色。

[学习重点] 　色相环的准确配色及不同主题配色。

[学习手段] 　1.临摹。

　　　　　　2.主题搭配。

[学习课时] 　18课时。

一、间色和复色

1.什么是间色

　　原色与原色的混合所形成的颜色称为间色。常见的间色有绿色、橙色、紫色。

>**Tips**

　　所有灰色系都是复色，如蓝灰色、绿灰色等。复色让人感觉沉稳、不张扬。

2.什么是复色

原色与间色的混合，或者间色与间色的混合所形成的颜色称为复色。

>——| 试一试 |←

1.尝试分析图10-1和图10-2包含了哪些间色和复色？

2.尝试调配颜色。

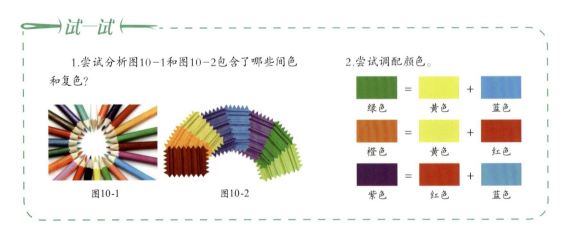

图10-1　　　　　图10-2

二、色相环

常用的色相环有12色相环（图10-3）和24色相环（图10-4）。

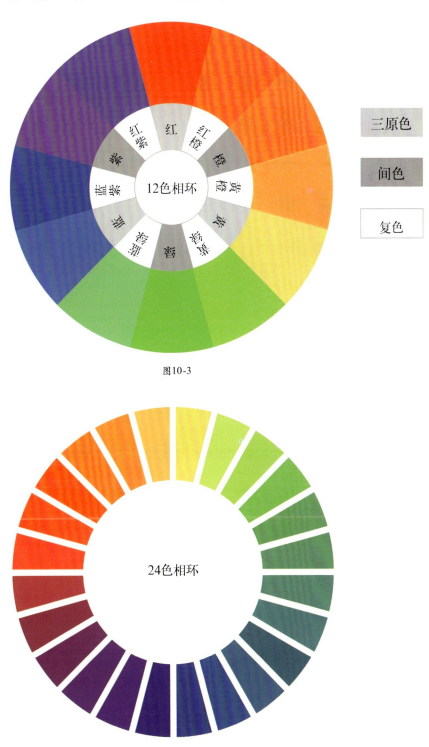

图10-3

图10-4

12色相环的绘制步骤（图10-5）：

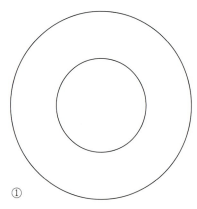

①

画同心圆：在纸面上画两个同心圆，
外圆直径30厘米，内圆直径15厘米

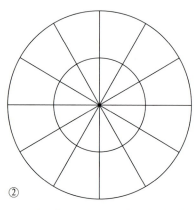

②

均分格子：透过圆心画穿过两圆的直
线，利用量角器，每隔30°绘制一根直线

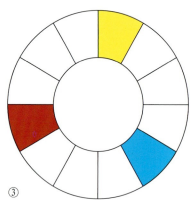

③

绘制三原色：擦掉中间内圆的线条，
开始填色，先填三原色

> **Tips**
>
> 　　为什么要以30°为间隔？因为圆周是
> 360°，将其均分成12份，所以为30°。此
> 步骤需要借助量角器。如果没有量角器，
> 你可以尝试运用数学的小常识来完成图形
> 的绘制。

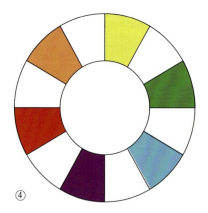

④

绘制三间色：选择红色和黄色混合
成橙色；红色和蓝色混合成紫色；蓝色和
黄色混合成绿色

⑤

绘制复色：将原有的间色与相近的原色
进行综合调配，形成过渡的复色效果，如橙
黄色、黄绿色、青绿色、偏红的橙色等。

图10-5

三、类似色

在色环上任意60°以内的颜色，每个颜色相近，称为类似色（图10-6）。

类似色对比不强，给人统一而平静的感觉，是配色中最常见的。

图10-6

四、邻近色

在色相环上任选一色，与此色相距90°，或者彼此相隔五六个数位的两色，即称为邻近色（图10-7）。

邻近色的搭配存在着一定的色相变化，会让人觉得生动有变化。

图10-7

五、对比色

在24色相环上相距120°~180°的两种颜色，称为对比色（图10-8）。

对比色容易产生醒目、活泼、丰富的视觉效果。

图10-8

六、互补色

色彩中的互补色有红色和绿色互补，蓝色和橙色互补，紫色和黄色互补。根据色相环角度显示，互补色相互间隔近180°（图10-9）。

互补色在色彩搭配中容易产生强烈的对比效果和排斥感。

图10-9

七、明度推移表的绘制

明度推移表的绘制步骤(图10-10):

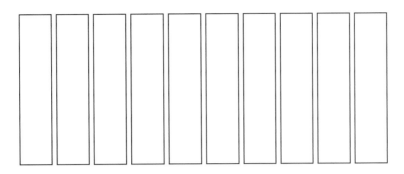

起稿:在纸面上完成10个格子的绘制。每个格子的尺寸为6厘米×3厘米。
绘制格子时,注意预留出每两个格子之间的距离,便于上色。

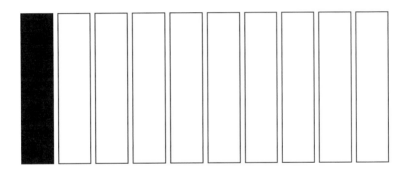

选择低明度色彩:最左边第一格填入一个低明度的颜色,最右边的格子填入一个最高明度的颜色。
所有颜色中,黑色是明度最低的色彩,白色是明度最高的色彩。

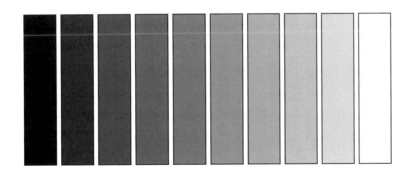

填入渐变色:根据最左边的黑色,逐渐添加白色,形成从黑色—深灰—中灰—灰色—浅灰—白色的明度渐变效果。
填入渐变色这一过程需要先准备好草稿纸,在草稿纸上不断试色,再填入格子。要求相邻格子之间颜色过渡要自然。

图10-10

八、纯度推移表的绘制

纯度推移表的绘制步骤(图10-11):

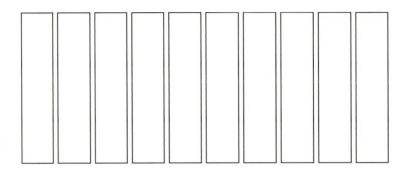

起稿:在纸面上完成10个格子的绘制。每个格子的尺寸为6厘米×3厘米。

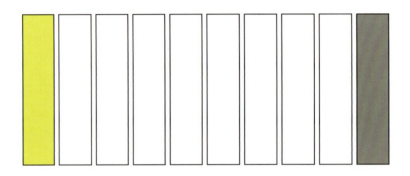

选择高纯度、低纯度色彩:最左边第一格填入一个高纯度色彩,最右边第一格填入低纯度色彩。

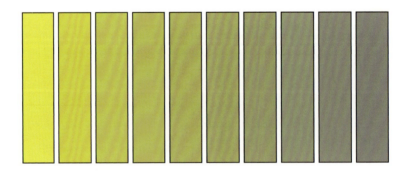

填入渐变色:根据最左边的黄色,逐渐添加灰色,形成从黄色—灰色的纯度渐变效果。

纯度渐变,其实是降低色彩的饱和度,让其颜色从鲜艳变成灰暗。

图10-11

九、色相推移表的绘制

色相推移表的绘制步骤（图10-12）：

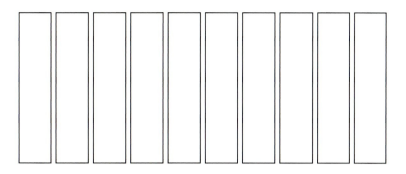

起稿：在纸面上完成10个格子的绘制。每个格子的尺寸为6厘米×3厘米。

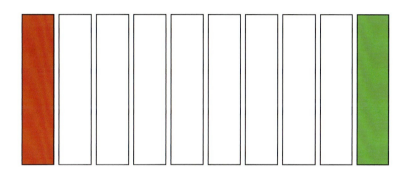

选择红色和绿色：最左边第一格填入红色，最右边填入绿色。

色相推移选择颜色比较自由，只要选择有彩色系即可，如想效果对比明显，就选择反差较大的两个色进行推移。

填入渐变色：根据最左边的红色，逐渐添加绿色，形成从红色—绿色的色相渐变效果。

色相推移选择色彩时，色彩反差越大，推移的效果就越明显。在色彩调和时也要注意每两个格子之间过渡的自然性。

图10-12

⟩⟩⟩ 练一练 ⟨⟨⟨

根据图10-13的示范完成色相推移、明度推移、纯度推移的布料搜集。

图10-13

十、色调类型

色调类型如图10-14所示。

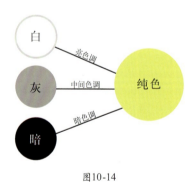

图10-14

1.亮色调

在纯色中加入白色所形成的色调，称为亮色调(图10-15)。

图10-15

2.中间色调

在纯色中加入灰色所形成的色调，称为中间色调（图10-16）。

图10-16

3.暗色调

在纯色中加入黑色所形成的色调，称为暗色调（图10-17）。

图10-17

十一、常见色彩搭配（图10-18）

警示配色

▶Tips

警示色一般是红、黄、蓝、绿、黑、白。

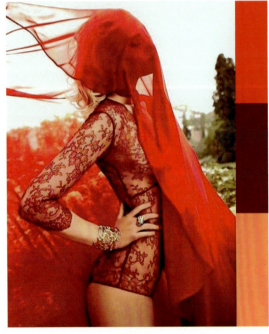

暖色调

冷色调

同明度配色

面积对比的配色

同纯度配色

灰调

主体突出的配色

图10-18

十二、主题配色

1.轻奢(暖色调)

适合人群: 青年、中年。

场　　所: 逛街、下午茶。

⟫ **色彩搭配分析** ⟪

　　金色系列为主色调,配以向日葵图案的吊带上衣,点缀珠宝首饰,透露出奢华感(图10-19)。

　　主色调是金色和黑色的组合,强烈对比,吸引眼球。

21-22-88-0

73-53-100-15

25-24-22-0

85-81-83-70

向日葵黄　叶绿

炭黑　灰

图10-19

2.帅气个性（黑白调）

适合人群：青年。

场　　所：逛街、旅行。

●━┥色彩搭配分析┝

　　黑白灰是无彩色系的中性色，灰色卫衣配上深灰色休闲裤，各种同色系的配饰都展现出了帅气个性这一主题（图10-20）。

　　黑白灰搭配是无彩色系，主要注重明度对比，体现酷、个性的风格。

77-65-59-14

82-86-70-56

0-0-0-0

灰　黑

白

图10-20

3.休闲

适合人群：青年。

场　　所：逛街休闲。

　　宝蓝色竖条纹上衣展现出了清新明朗的感觉，白色阔腿裤配以嫣红的高跟鞋尽显休闲气息(图10-21)。

18-39-39-0

36-79-81-1

8-6-6-0

67-48-0-0

嫣红色　宝蓝色

殷红色　灰

图10-21

4.海滩度假风（暖色调）

适合人群：女性。

场　　　所：度假、旅行、生活。

➤ 色彩搭配分析 ⟨

夏日的海滩充满缤纷的色彩，以玫瑰红为主的丝质吊带裙配上亚麻编织的遮阳帽，整个就是沙滩的女王范（图10-22）。

以玫瑰红为主色调搭配灰色粉红和米黄色，这一色系均属于类似色，艳丽而休闲。款式及配饰的搭配统一中有特色。

79-50-43-0

21-91-37-0

24-47-43-0

24-50-62-0

| 蓝灰色 | 玫瑰红 |
| 深米黄 | 灰粉红 |

图10-22

5.晚礼服（暖色调）

适合人群：女性。

场　　所：宴会、聚会。

━━━ 色彩搭配分析 ━━━

晚宴上，一身高贵的晚礼服是非常重要的，不仅能衬托出主人的气质，更能吸睛无数。高贵的晚礼服配上简约的黑金高跟鞋、手包，无不体现出主人公的高贵（图10-23）。

以大红色、黑色、金色这三组对比色的组合，瞬间能在众人中脱颖而出。

24-98-86-0

93-88-89-80

8-23-37-0

大红　煤黑　金色

图10-23

6.皮草（中性调）

适合人群：女性。

场　　所：生活、逛街。

➡ **色彩搭配分析** ⬅

　　皮草永远彰显着高贵大气，橄榄绿为主色调的搭配，配以烟灰黑的麂皮短裙，在厚重服饰搭配的冬日显得格外时尚，赭石色的反皮高跟靴显得气质干练（图10-24）。

71-70-86-46

73-59-96-27

85-80-87-70

22-86-98-0

68-76-100-52

橄榄绿

橄榄绿灰　烟灰黑

赭石　橘红

图10-24

7.白领（冷色调）

适合人群: 女性。

场　　所: 写字楼、公司白领。

🪡 **色彩搭配分析** ⊱

　　都市白领追求的是简约干练，配色上不张扬。本套色系选择了蓝、黑为主色调，显示出职业的稳重性。钴蓝色、略带粉灰色和褐色的点缀搭配让整个深色调的职业装既干练又时尚（图10-25）。

　　以深蓝灰色、黑灰色为主的类似色为主要配色，显示出职业的稳重。对比反差较大的浅灰色点缀打破了职业的刻板印象。

87-84-59-36

88-84-81-71

93-83-18-0

69-79-90-58

24-24-29-0

黑灰色
蓝紫灰
钴蓝色
浅粉灰
褐色

图10-25

8.时装

适合人群: 女性。

场　　所: T台。

T台主题如图10-26所示。

图10-26

时装 **1** 号（暖色调）

色彩搭配分析:

时尚是一种态度, 是一种青春。鲜艳的桃红色, 性感的上衣款型配上艳丽的玫瑰红长裙, 大摆的褶皱更加体现出青春与时尚。

以桃红色、玫瑰红为主的高纯度邻近色作为主要配色, 深蓝色手包与整套色的搭配无不展示着青春与洒脱。

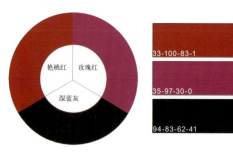

艳桃红　玫瑰红

深蓝灰

33-100-83-1

35-97-30-0

94-83-62-41

时装 **2** 号（中性调）

色彩搭配分析：

本套色系选择了煤黑、深灰为主色调，配以砖瓦红的图案点缀，显示出女性的干练。

以煤黑、深灰为主的中性色作为主要配色，低明度的色彩，配以偏金色和砖瓦红的图案，凸显女性的干练。

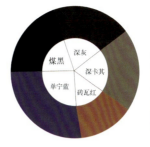

93-88-89-80

85-81-73-59

64-60-62-8

44-77-80-7

98-90-44-10

时装 **3** 号（暖色调）

色彩搭配分析：

闪亮的红色和茶金色配以简约的剪裁，女性的曲线很好地被衬托出来。

以红色和茶金色为主的高明度、高纯度类似色作为主要配色，体现出女性的时尚与潮流。黑色的点缀凸显果断。

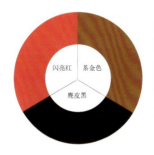

8-96-72-0

42-77-100-6

84-85-87-74

时装 **4** 号（暖色调）

色彩搭配分析：

深蓝色配以偏黄绿的金色，繁杂的剪裁和大气的造型无不透露出强大的气场。

深蓝色配以偏黄绿的金色，这组高纯度的对比色冲撞，瞬间吸引了人的眼球。

80-79-72-52

34-35-90-0

15-3-39-0

时装 **5** 号（暖色调）

色彩搭配分析：

各种高纯度色彩的搭配，配以花朵的造型，将青春、个性的主题淋漓尽致地展现出来。

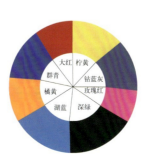

24-100-100-0

6-13-87-0

87-72-29-0

4-90-0-0

92-69-86-55

82-51-0-0

0-58-91-0

95-82-0-0

以大红、湖蓝为底色配以柠黄、群青、玫瑰红等各类高纯度色彩的搭配，将青春气息很好地展现出来。

十三、服饰搭配欣赏

根据所提供的时装图，你能分析色调吗？（图10-27至图10-34，图片来自网络）

尝试着自己搭配一套服装吧。

想一想

1.留意到每张图上有什么不同吗？

2.仔细想想这些小变化有什么用？

图10-27

图10-28

图10-29

图10-30

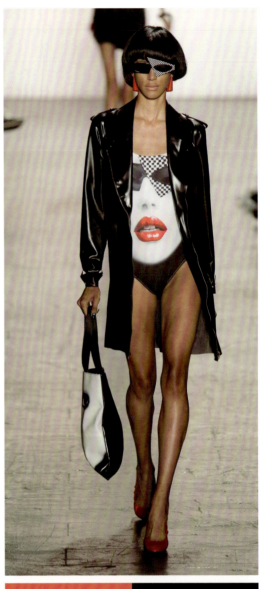

图10-31   图10-32

图10-33　　　　　　　　　　　　图10-34

学习要点	我的评分	小组评分	老师评分
能完成色相环练习（30分）			
能完成3~5组不同主题的服饰配色（40分）			
能完成渐变练习（30分）			
总分			